爱国主义教育之
了解中国十大国粹

# 衣冠楚楚

# 汉服

温会会/文 曾 平/绘

浙江摄影出版社
全国百佳图书出版单位

自古以来，中国就有"礼仪之邦""衣冠上国"的美称。

从黄帝"造屋宇，制衣服"起，到清代"剃发易服"，华夏的服饰，承载了华夏文明悠久的历史。

汉服"始于黄帝，备于尧舜"，并在周朝的时候定型。

黄帝即位后，开创了"上着衣，下着裳"的着装形式，并推行于天下。"衣裳"这个词，就是这么产生的。

先秦时期，衣指的是上半身穿的衣服，裳指的是下半身穿的裙、裤。

为了防止"走光"，商代的裳前还有围裙般的蔽膝呢！

　　从春秋战国到秦汉时期，深衣颇
为流行。

　　什么是深衣呢？它将上衣和下裳
分开裁剪后缝合在一起，穿着时能够
包住身子，使身体深藏不露。

到了魏晋南北朝，男子的长衣变得简单随意，有着宽大的袖衫。

女子的服装则变得大袖翩翩，长裙曳地，腰间系有飘带，层层叠叠，复杂又华丽。

进入唐代，服饰上呈现出一种兼容并蓄的景象。男装既有交领右衽的汉式冠冕衣裳，也有北朝演变而来的圆领袍。

女装则出现了坦领襦裙，
搭配半臂，色彩艳丽，显得雍
容华贵。

到了唐代中期，胡服深受人们的青睐。

瞧，骑马的女子穿上便于骑射的胡服，多么潇洒！

　　随着胡服的传入，汉服的样式也变得
更加紧身和适体。比如，汉服把宽大的袖
子收小，并引入了胡服中的腰带。

在唐代，有一种裙子呈石榴般的红色，被称为"石榴裙"。

　　年轻女子穿上石榴裙，搭配大袖纱罗衫，煞是好看！

　　相传，当年武则天正是穿着石榴裙，吸引了唐高宗的目光。

宋朝的时候，
服饰更注重遮挡，
呈现理性之美。

男子遵循"上衣下裳"的原则，下装可穿裙，也可穿裤。

女子服装则呈现瘦、细、长的特点，追求简洁和淡雅。

褙子是宋代最具代表性的服装款式。

它是一种男女皆宜的直领对襟长衫，衫长至膝部，袖子又长又窄，前襟平行且自然下垂，由纽扣或绳带系连。

明朝制定了"上承周汉，下取唐宋"的服饰制度。

当时，官员头戴乌纱帽，身穿圆领
袍。文人雅士喜欢穿蓝色或黑色的长袍，
平民百姓常穿盘领衣。

24

　　在明代，有一种特有的服饰，名叫"飞鱼服"。它为皇上赏赐，象征着荣耀。

　　看！飞鱼服上装饰有飞鱼的图案。飞鱼不仅有鱼鳍和鱼尾，头上还有两个角，身上的纹路是蟒纹，十分奇特！

《左传》里有这样一句话："中国有礼仪之大，故称夏；有服章之美，谓之华。"

在泱泱华夏，汉服演绎着传统的审美意蕴，承载着深厚的文化底蕴，散发着迷人的魅力！

责任编辑　陈　一
文字编辑　谢晓天
责任校对　高余朵
责任印制　汪立峰

项目设计　北视国


图书在版编目（CIP）数据

　　衣冠楚楚 : 汉服 / 温会会文 ; 曾平绘 . -- 杭州 :
浙江摄影出版社，2023.1
　　（爱国主义教育之了解中国十大国粹）
　　ISBN 978-7-5514-4171-1

　　Ⅰ．①衣… Ⅱ．①温… ②曾… Ⅲ．①汉族—民族服
装—中国—少儿读物 Ⅳ．① TS941.742.811-49

　　中国版本图书馆 CIP 数据核字（2022）第 188412 号


YIGUANCHUCHU HANFU

## 衣冠楚楚：汉服
（爱国主义教育之了解中国十大国粹）


温会会 / 文　曾平 / 绘

全国百佳图书出版单位
浙江摄影出版社出版发行
　　地址：杭州市体育场路 347 号
　　邮编：310006
　　电话：0571-85151082
　　网址：www.photo.zjcb.com
制版：北京北视国文化传媒有限公司
印刷：唐山富达印务有限公司
开本：889mm×1194mm　1/16
印张：2
2023 年 1 月第 1 版　　2023 年 1 月第 1 次印刷
ISBN 978-7-5514-4171-1
定价：39.80 元